SKANEN KÒD LA
pou aksede
liv elektwonik anime,
kat vokabilè,
kesyon konpreyansyon,
paj koloryaj
ak anpil lòt bagay

RANKONTRE KARAKTÈ NOU YO ATRAVÈ TOUT LIV NOU YO !

Petra

Polo

Lili

Dani

RENCONTREZ NOS CARACTÈRES À TRAVERS NOS LIVRES !

La Petite Pétra™

PWOGRAM BILENG
POU TIMOUN

PROGRAMMES BILINGUES
POUR ENFANTS

18 TIT **12** SERI **5** LANG _{Lòt lang disponib pou kòmand espesyal}	**18** TITRES **12** SÉRIES **5** LANGUES _{Langues personnalisées disponibles sur commandes spéciales}

 LIV FIZIK — LIVRES PHYSIQUES

LIV ELEKTWONIK ANIME — LIVRES ÉLECTRONIQUES AUDIO ANIMÉS

 FICH VOKABILÈ — FICHES DE VOCABULAIRE

KESYON KONPREYANSYON — QUESTIONS DE COMPRÉHENSION

 PAJ KOLORYAJ — FEUILLES DE COLORIAGE

JWÈT PÈZÈL — JEUX PUZZLES

PARAN AK PWOFESÈ,

Konpliman dèske nou ankouraje pitit nou pou yo konn pale plizyè lang !

Se yon desizyon ki pral bay bon rannman pou tout lavi ti moun yo ! Rechèch montre ke, si yon ti moun aprann yon lang anvan li gen 6 an, l ap pi fasil pou l rive pale lang lan kòm si li se yon natif natal. Epi tou, rechèch montre ke ti moun ki bileng gen plis jèvrin nan kapasite yo kòm aprann.

Objektif nou nan konpayi Young and Bilingual™, se pou nou akonpaye ou ak pitit ou yo oswa elèv ou yo, pou yo vin bileng byen bonè nan anfans yo. Ilistrasyon yo bèl, epi tou yo gen anpil koulè. Chak liv gen mo vokabilè ladan yo, lis mo outi ki sèvi nan liv la, ak esplikasyon pou pwononsyasyon plizyè son ki nan liv la.

Nou defini kat nivo pou liv nou yo :

Chanson Ti moun
Chante ansanm ak pitit ou chante tradisyonèl ou te pi renmen lè ou te piti !

❶ Preskolè - jaden d anfan
Lekti entèraktif, ideyal pou ti moun piti k ap dekouvri monn lan

❷ Lekòl matènèl – premye ane fondamantal
Fraz ki senp, ki fèt pou ti moun ki pa ko konn li oswa k ap aprann li (mwens pase 150 mo)

❸ Jaden d anfan rive nan premye ane fondamantal
Istwa ki fèt pou ti moun ki fenk aprann li pou kont yo (mwens pase 300 mo)

❹ Jaden d anfan rive dezyèm ane fondamantal
Istwa ki kout e ki prezante leson lavi ak dekouvèt kiltirèl (mwens pase 600 mo)

Young and Bilingual™ ofri materyèl bileng GRATIS sou sit entènèt li a www.lapetitepetra.com pou ede pitit ou ak elèv ou vin bileng. Nou akeyi fidbak ou pou nou kontinye amelyore liv ak pwogram nou yo. Rete an kontak ak nou epi, tou, n espere tout ti moun yo ava byen pwofite !

CHERS PARENTS ET ENSEIGNANTS,

Nous vous félicitons d'encourager vos enfants et élèves à devenir bilingues et à apprendre à lire en plusieurs langues ! C'est une décision qui portera ses fruits pendant de nombreuses années ! Les recherches ont montré qu'il est plus facile pour un enfant d'apprendre une nouvelle langue et adopter un accent natif avant l'âge de 6 ans. Les recherches montrent également que les enfants bilingues ont de meilleures capacités cognitives.

L'objectif de Young and Bilingual™ est de vous accompagner ainsi que vos enfants ou élèves dans leur apprentissage des langues pendant leur jeune âge. Les illustrations de chaque livre sont attrayantes et ont couleurs vives. Chaque livre comprend des mots de vocabulaire bilingues, une liste de mots de l'histoire que les enfants doivent connaître, et le classement phonétique de quelques mots de l'histoire.

Nous avons défini quatre niveaux de développement dans nos livres :

Comptines
Chantez avec votre enfant les chansons traditionnelles haïtiennes préférées de tous les temps !

Du préscolaire à la maternelle
Lecture interactive, idéale pour les tout-petits qui découvrent le monde

De la maternelle au CP
Phrases simples, ouvrage idéal pour les pré-lecteurs qui commencent tout juste à apprendre à lire (moins de 150 mots)

De la maternelle au CP
Histoire courte, idéale pour les lecteurs autonomes débutants (moins de 300 mots)

De la maternelle au CE1
Petite histoire, qui comprend des leçons de vie et des découvertes culturelles (moins de 600 mots)

Young and Bilingual™ offre des ressources bilingues GRATUITES sur son site web www.lapetitepetra.com pour aider vos enfants et élèves à devenir bilingues. Faites-nous part de vos commentaires afin de nous permettre de continuer à améliorer nos ressources. N'hésitez pas à nous contacter, et surtout, bon apprentissage !

Revizyon ak kesyon pou dekouvèt : MIT-Ayiti

Premye Piblikasyon : Janvie 2021
Twazyèm Edisyon : Avril 2022
XPONENTIAL LEARNING INC
Copyright © 2020 Krystel Armand

Tout dwa rezève. Okenn pati nan piblikasyon sa a pa dwe repwodwi, distribiye, oswa transmèt nan okenn fòm oswa pa nenpòt mwayen, (kit se fotokopi oswa anrejistreman oswa nenpòt lòt metòd elektwonik oswa mekanik) san pèmisyon alekri e ann avans nan men otè a, eksepte nan ka yon sitasyon ki kout e ke nou mete nan revi kritik ak sèten lòt itilizasyon ki pa komèsyal e ki an ba otorizasyon lwa sou dwa otè.

Les formes

Krystel Armand
Ilistrasyon : Oksana Vynokurova

Figi sa a gen fòm yon sèk.

Ce visage est en forme de cercle.

Yon sèk, menm jan ak pòm Petra a.

Un cercle, comme la pomme de Pétra.

Figi sa a gen fòm yon kare.

Ce visage est en forme de carré.

Yon kare, menm jan ak blòk Polo yo.

Un carré comme les blocs de Polo.

Figi sa a gen fòm yon *triyang*.

Ce visage est en forme de *triangle*.

Yon triyang, menm jan ak chapo Lili a.

Un triangle, comme le chapeau de Lili.

Figi sa a gen fòm yon oval.

Ce visage est en forme d'ovale.

Yon oval, menm jan ak blad Dani yo.

Un ovale, comme les ballons de Dani.

Figi sa a gen fòm yon rektang.

Ce visage est en forme de rectangle.

Yon rektang, menm jan ak kado Petra a.

Un rectangle, comme le cadeau de Pétra.

Figi sa a gen fòm yon lozanj.

Ce visage est en forme de losange.

Yon lozanj, menm jan ak sèvolan Polo a.

Un losange, comme le cerf-volant de Polo.

Figi sa a gen fòm yon trapèz.

Ce visage est en forme de trapèze.

Yon trapèz, menm jan ak valiz Lili a.

Un trapèze, comme le sac à main de Lili.

Figi sa a gen fòm yon
pantagòn.

Ce visage est en forme de pentagone.

Yon pantagòn, menm jan ak fòm ou wè sou balon foutbòl Dani a.

Un pentagone, comme les formes que tu vois sur le ballon de foot de Dani.

Figi sa a gen fòm yon èg zagòn.

Ce visage est en forme d'hexagone.

Yon ègzagòn, menm jan ak linèt solèy Petra a.

Un hexagone comme la forme des lunettes de soleil de Pétra.

Figi sa a gen fòm yon oktogòn.

Ce visage est en forme d'octogone.

Yon oktagòn, menm jan ak parapli Polo a.

Un octogone, comme le parapluie de Polo.

Èske w ka jwenn kèk sèk nan imaj sa yo ?

Peux-tu trouver des cercles dans ces images ?

Èske w ka jwenn kèk kare nan imaj sa yo ?

Peux-tu trouver des carrés dans ces images ?

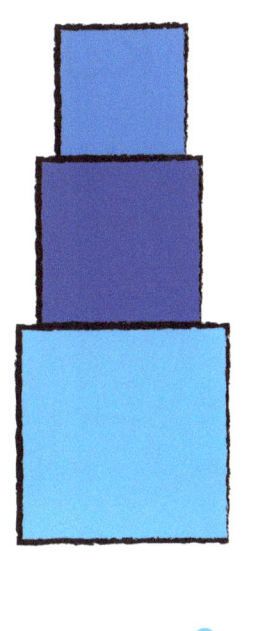
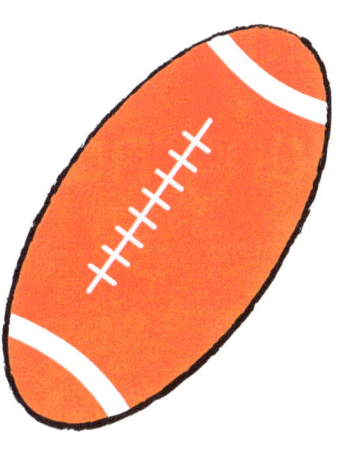

Èske w ka jwenn kèk triyang nan imaj sa yo?

Peux-tu trouver des triangles dans ces images?

Èske w ka jwenn kèk oval nan imaj sa yo ?

Peux-tu trouver des ovales dans ces images ?

Èske w ka jwenn kèk rektang nan imaj sa yo?

Peux-tu trouver des rectangles dans ces images?

Èske w ka jwenn kèk lozanj nan imaj sa yo?

Peux-tu trouver des losanges dans ces images?

Èske w ka jwenn kèk trapèz nan imaj sa yo ?

> Peux-tu trouver des trapèzes dans ces images ?

Èske w ka jwenn kèk pantagòn nan imaj sa yo ?

Peux-tu trouver des pentagones dans ces images ?

Èske w ka jwenn kèk èpzagòn nan imaj sa yo?

Peux-tu trouver des hexagones dans ces images?

Èske w ka jwenn kèk oktogòn nan imaj sa yo?

Peux-tu trouver des octogones dans ces images?

N a wè byento !

À très bientôt !

VOKABILÈ BILENG OU
TON VOCABULAIRE BILINGUE

sèk

cercle

kare

carré

triyang

triangle

oval

ovale

rektang

rectangle

lozanj

losange

trapèz

trapèze

pantagòn

pentagone

ègzagòn

hexagone

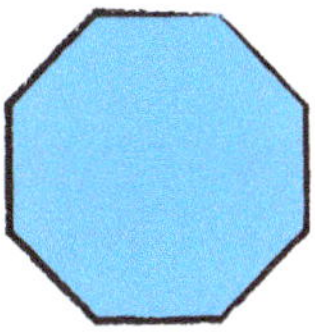

oktogòn	pòm	jwèt blòk
octogone	pomme	blocs
chapo	blad	kado
chapeau	ballon	cadeau
sèvolan	sak	balon foutbòl
cerf-volant	sac	ballon de football
linèt solèy	parapli	fòm
lunettes de soleil	parapluie	formes

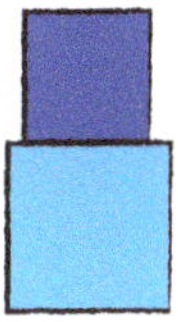

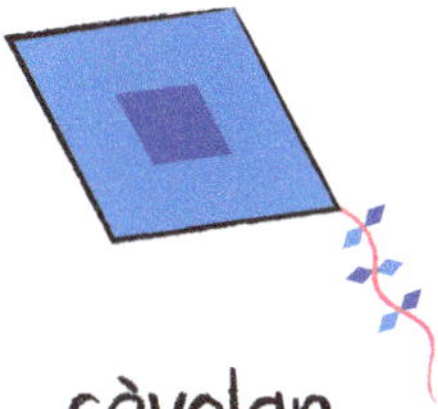

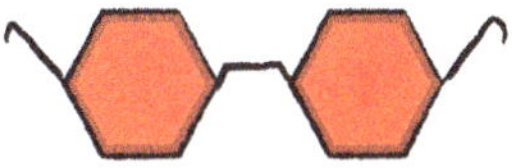

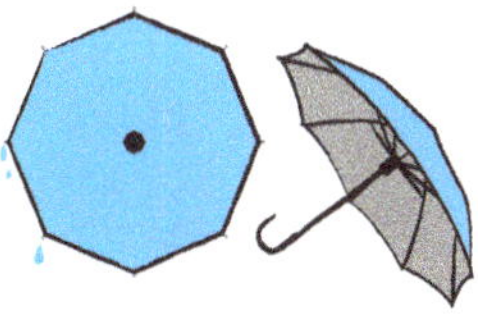

SERI DEKOUVÈT AYITI

Nan seri sa a, Petra ak Lili dekouvri peyi yo, Ayiti, ak kilti ayisyen ki rich anpil. W ap jwenn liv nivo 1, 2, 3, 4 ak Chanson Ti moun pou adapte ak bezwen pitit ou a oswa elèv ou yo ! Fè nou konnen ki lòt pati peyi d Ayiti oswa kilti ayisyen ou ta renmen Petra ak Lili eksplore !

SÉRIE DÉCOUVERTE D'HAITI

Dans cette série, Pétra et Lili découvrent leur pays, Haïti, et sa riche culture. Vous trouverez des livres de niveaux 1, 2, 3, 4 et de comptines adaptés aux besoins de votre enfant ou de vos élèves ! Faites-nous savoir quelles autres parties d'Haïti ou de la culture haïtienne vous aimeriez que Pétra et Lili explorent !

Koleksyon liv bileng nou enkli liv an kreyòl-anglè, fransè-anglè, pòtigè-anglè ak liv an espanyòl-anglè e plizyè liv disponib an fòma audio pou akonpanye ti lektè nou yo ! Pou plis enfòmasyon, vizite sit wèb nou an nan www.lapetitepetra.com.

Notre collection de livres bilingues inclut des livres en créole-anglais, français-anglais, portuguais-anglais, et en espagnol-anglais. Plusieurs de ces livres sont disponibles en format audio afin d'accompagner nos petits lecteurs!
Pour plus d'information, visitez notre site web au www.lapetitepetra.com.

www.ingramcontent.com/pod-product-compliance
Lightning Source LLC
Chambersburg PA
CBHW041132110526
44592CB00020B/2785